TRAITÉ ÉLÉMENTAIRE

DE

GÉOMÉTRIE DESCRIPTIVE

PAR

EUGÈNE CATALAN

ANCIEN ÉLÈVE DE L'ÉCOLE POLYTECHNIQUE, DOCTEUR ÈS SCIENCES,
AGRÉGÉ DE L'UNIVERSITÉ, MEMBRE DE LA SOCIÉTÉ PHILOMATIQUE, CORRESPONDANT
DES ACADÉMIES DES SCIENCES DE TOULOUSE, LILLE, LIÉGE,
ET DE LA SOCIÉTÉ D'AGRICULTURE DE LA MARNE.

—⋅◦⋅∞⋅◦⋅—

TROISIÈME ÉDITION, REVUE ET AUGMENTÉE.

—

ATLAS

PARIS

DUNOD, ÉDITEUR

SUCCESSEUR DE VICTOR DALMONT,

Précédemment Carilian-Gœury et Vᵒʳ Dalmont,

LIBRAIRE DES CORPS IMPÉRIAUX DES PONTS ET CHAUSSÉES ET DES MINES,

Quai des Augustins, 49.

1865

TRAITÉ ÉLÉMENTAIRE

DE

GÉOMÉTRIE DESCRIPTIVE

PREMIÈRE PARTIE

TYPOGRAPHIE HENNUYER, RUE DU BOULEVARD, 7. BATIGNOLLES.
Boulevard extérieur de Paris.

TRAITÉ ÉLÉMENTAIRE

DE

GÉOMÉTRIE DESCRIPTIVE

PAR

EUGÈNE CATALAN

ANCIEN ÉLÈVE DE L'ÉCOLE POLYTECHNIQUE,
EX-RÉPÉTITEUR DE GÉOMÉTRIE DESCRIPTIVE A CETTE ÉCOLE,
DOCTEUR ÈS SCIENCES, AGRÉGÉ DE L'UNIVERSITÉ,
EX-PROFESSEUR DE MATHÉMATIQUES SUPÉRIEURES AU LYCÉE SAINT-LOUIS,
MEMBRE DE LA SOCIÉTÉ PHILOMATIQUE,
CORRESPONDANT DES ACADÉMIES DES SCIENCES DE TOULOUSE, LILLE, LIÉGE,
ET DE LA SOCIÉTÉ D'AGRICULTURE DE LA MARNE.

—

PREMIÈRE PARTIE.

DU POINT, DE LA DROITE ET DU PLAN.

—

ATLAS

—

PARIS

VICTOR DALMONT, ÉDITEUR,

Successeur de Carilian-Gœury et V^or Dalmont,

LIBRAIRE DES CORPS IMPÉRIAUX DES PONTS ET CHAUSSÉES ET DES MINES,
Quai des Augustins, 49.

—

1857
1864

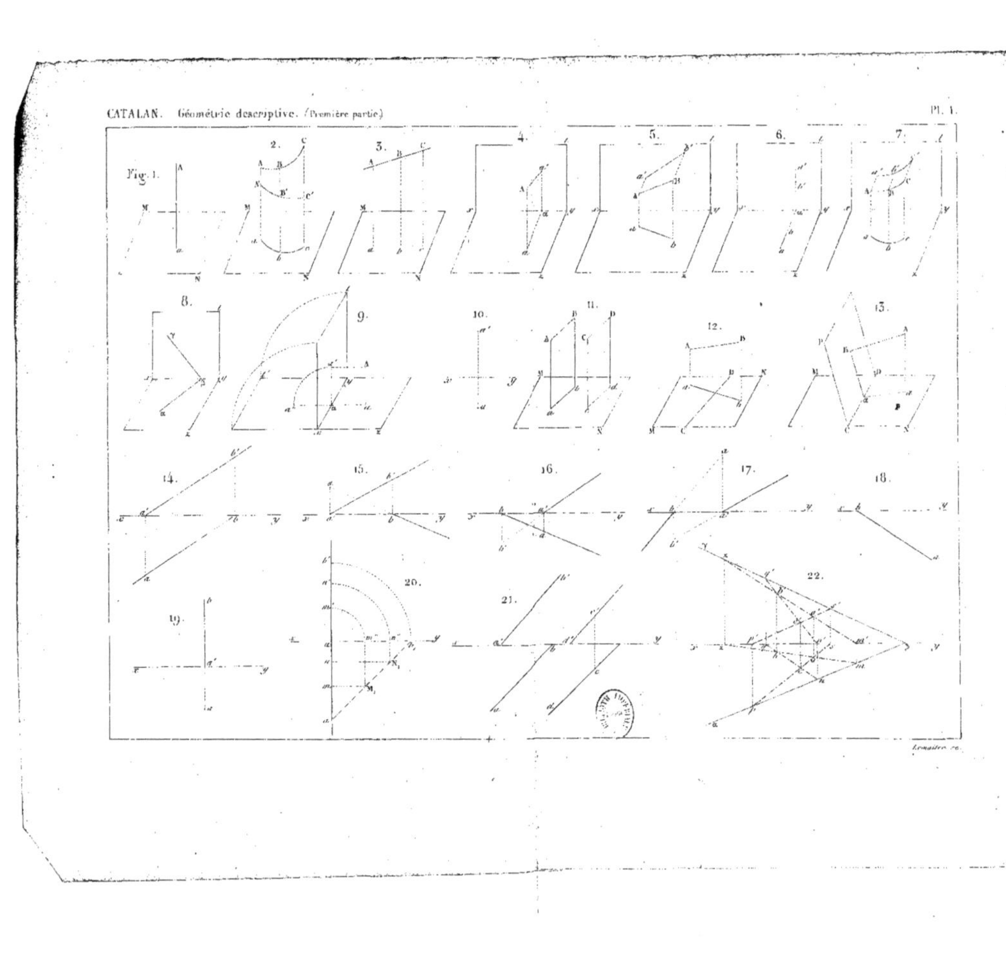
Fig. 1.

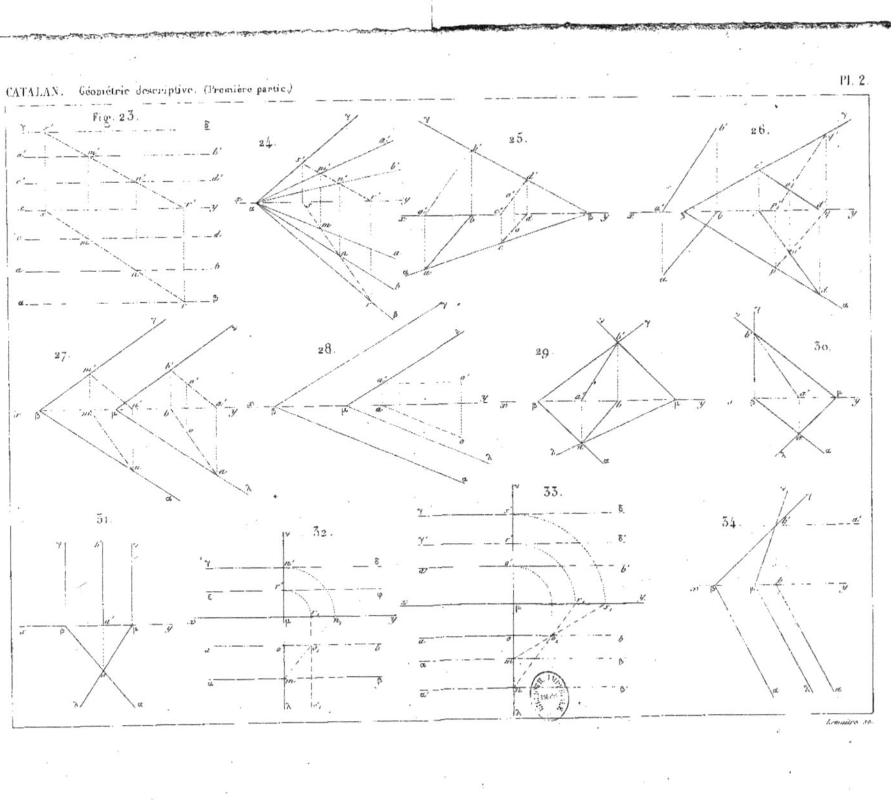
Fig. 23.
24.
25.
26.
27.
28.
29.
30.
31.
32.
33.
34.

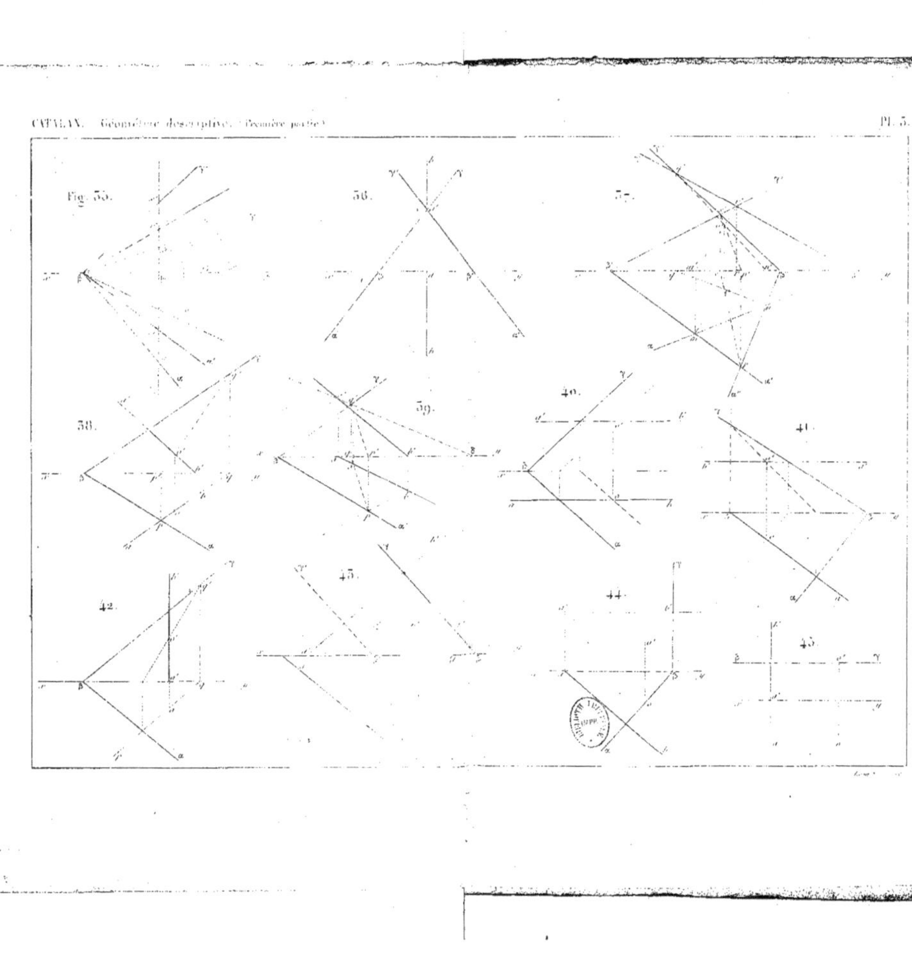
Fig. 35.
36.
37.
38.
39.
40.
41.
42.
43.
44.
45.

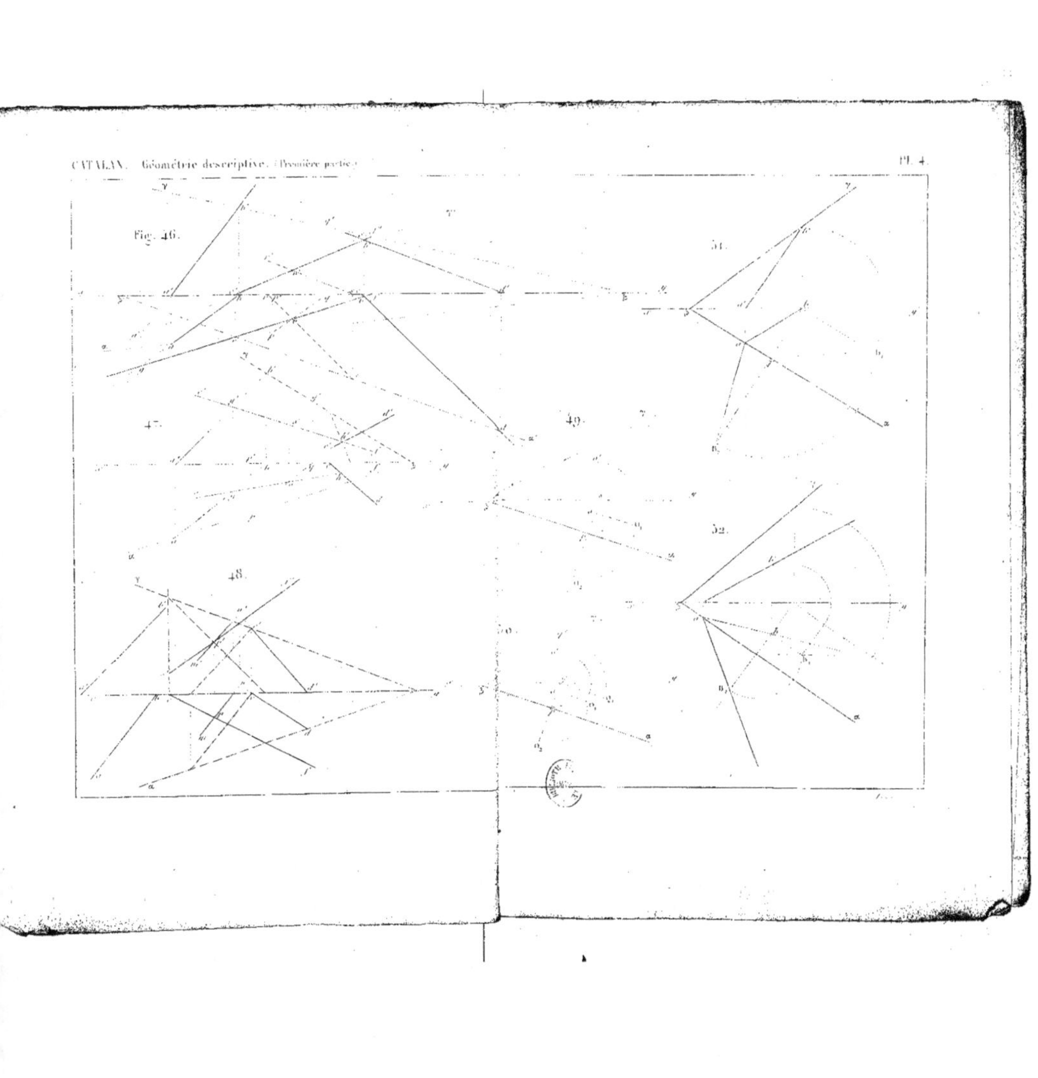
Fig. 46.
47.
48.
49.
50.
51.
52.

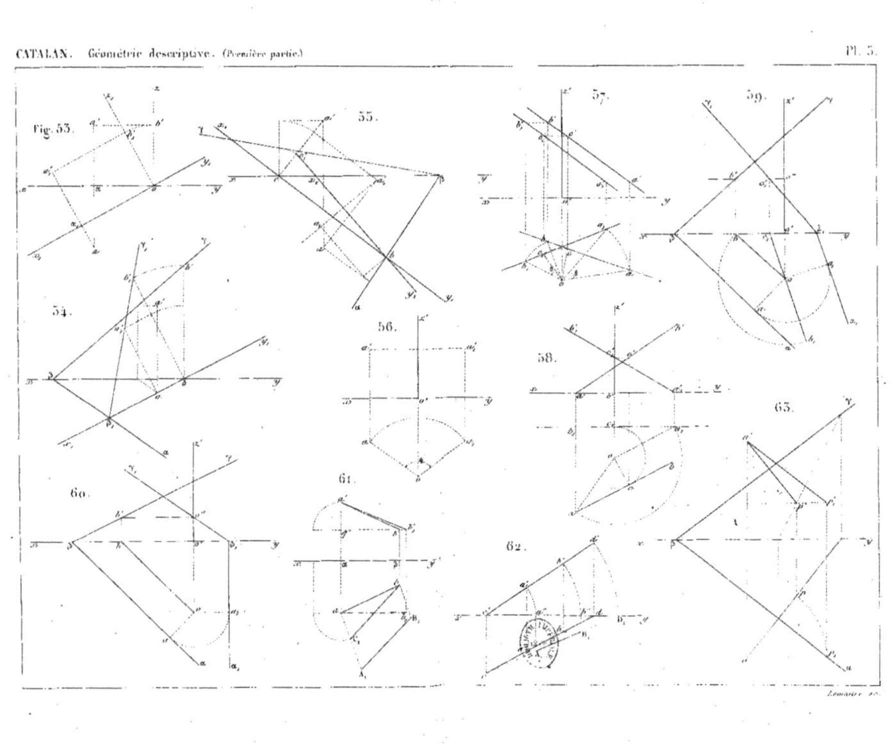

Fig. 53.
54.
55.
56.
57.
58.
59.
60.
61.
62.
63.

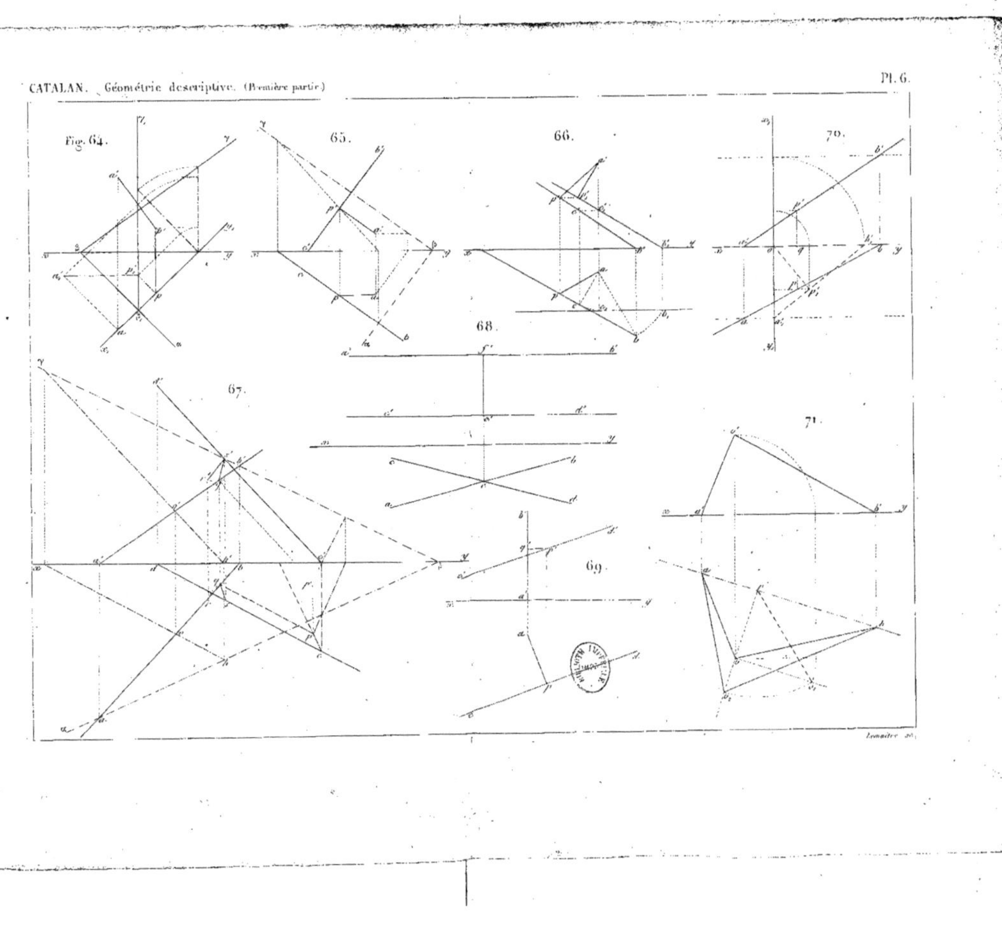

Fig. 64.
65.
66.
70.
67.
68.
69.
71.

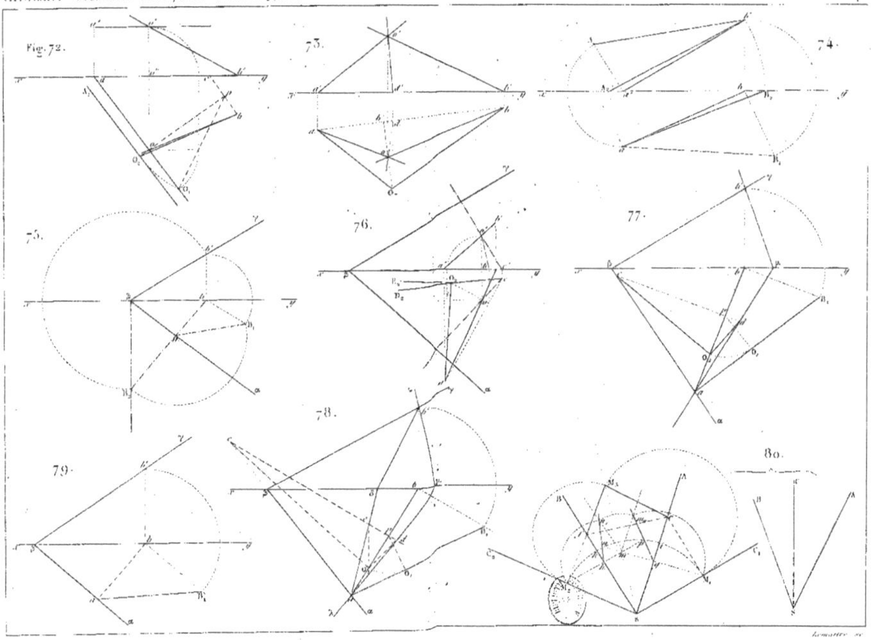
Fig. 72.
73.
74.
75.
76.
77.
78.
79.
80.

Lemaitre sc.

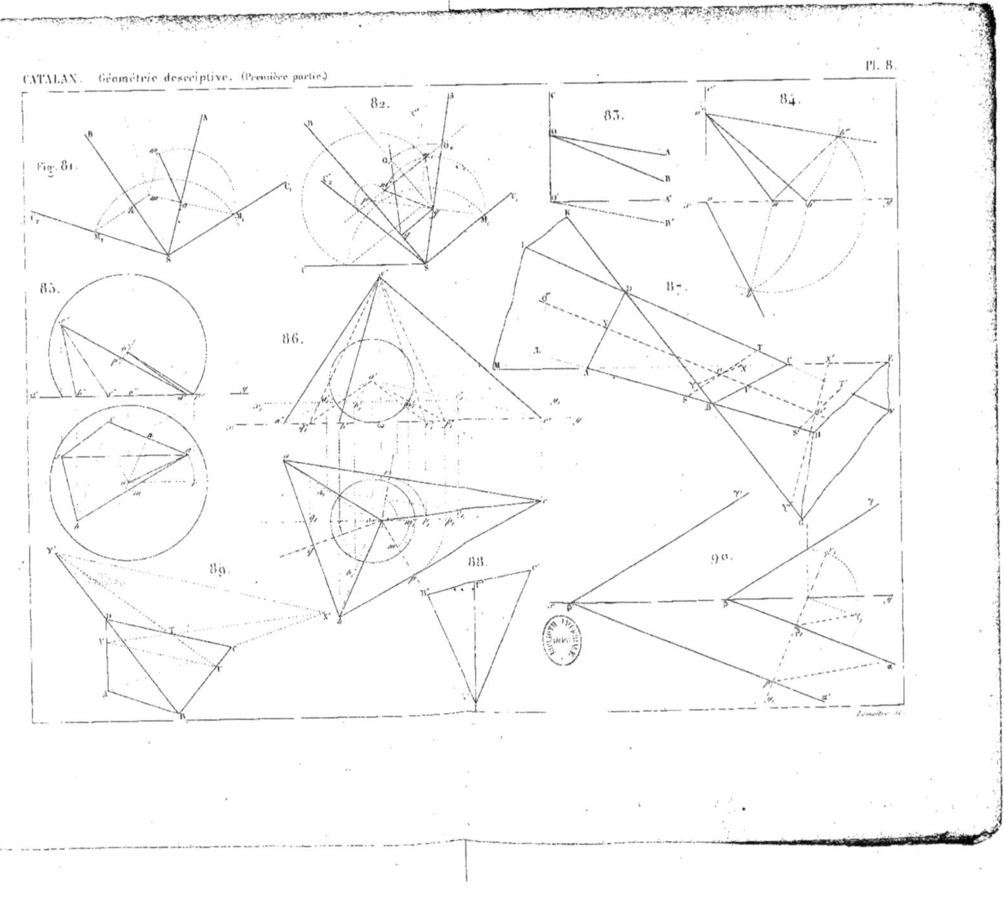

Fig. 81.
82.
83.
84.
85.
86.
87.
88.
89.
90.

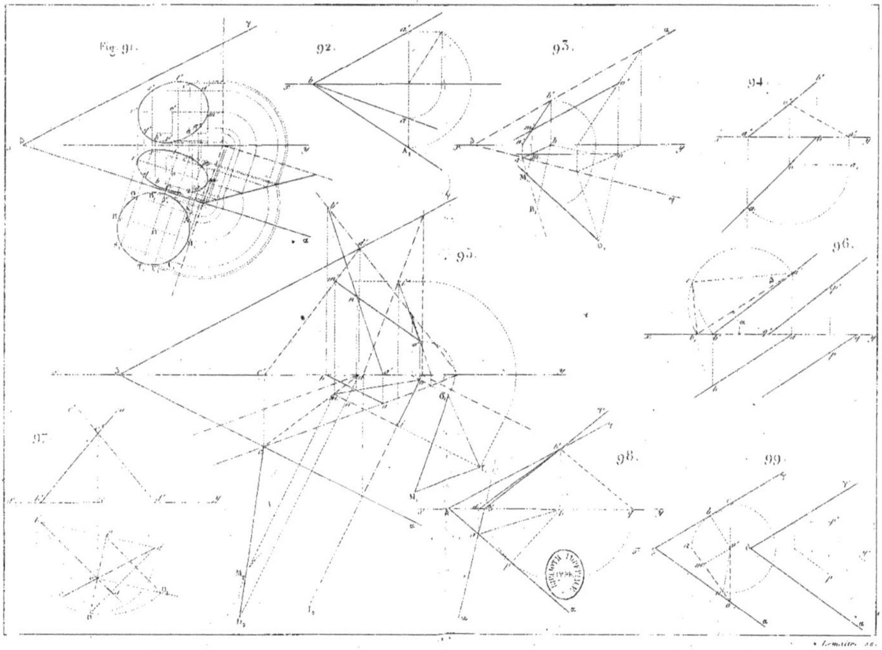
Fig. 91.
92.
93.
94.
95.
96.
97.
98.
99.

Lemaitre sc.

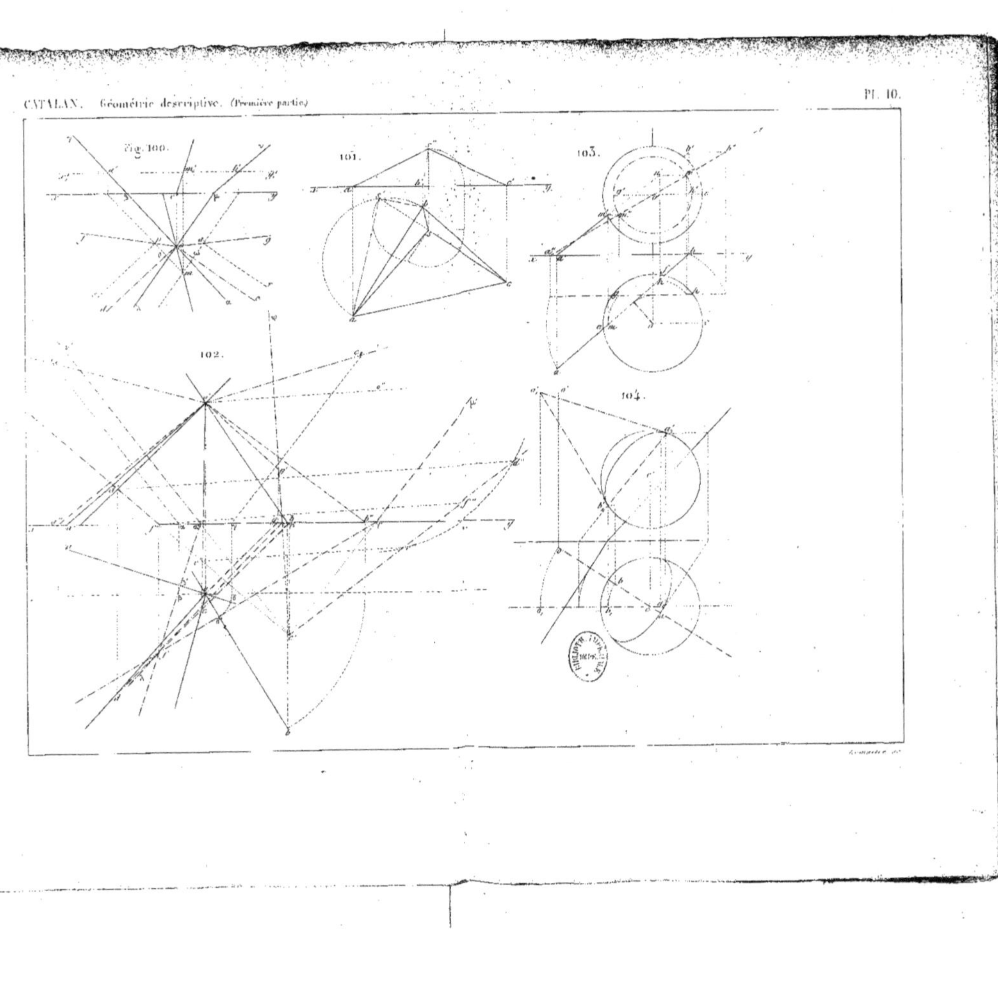
Fig. 100.
101.
103.
102.
104.

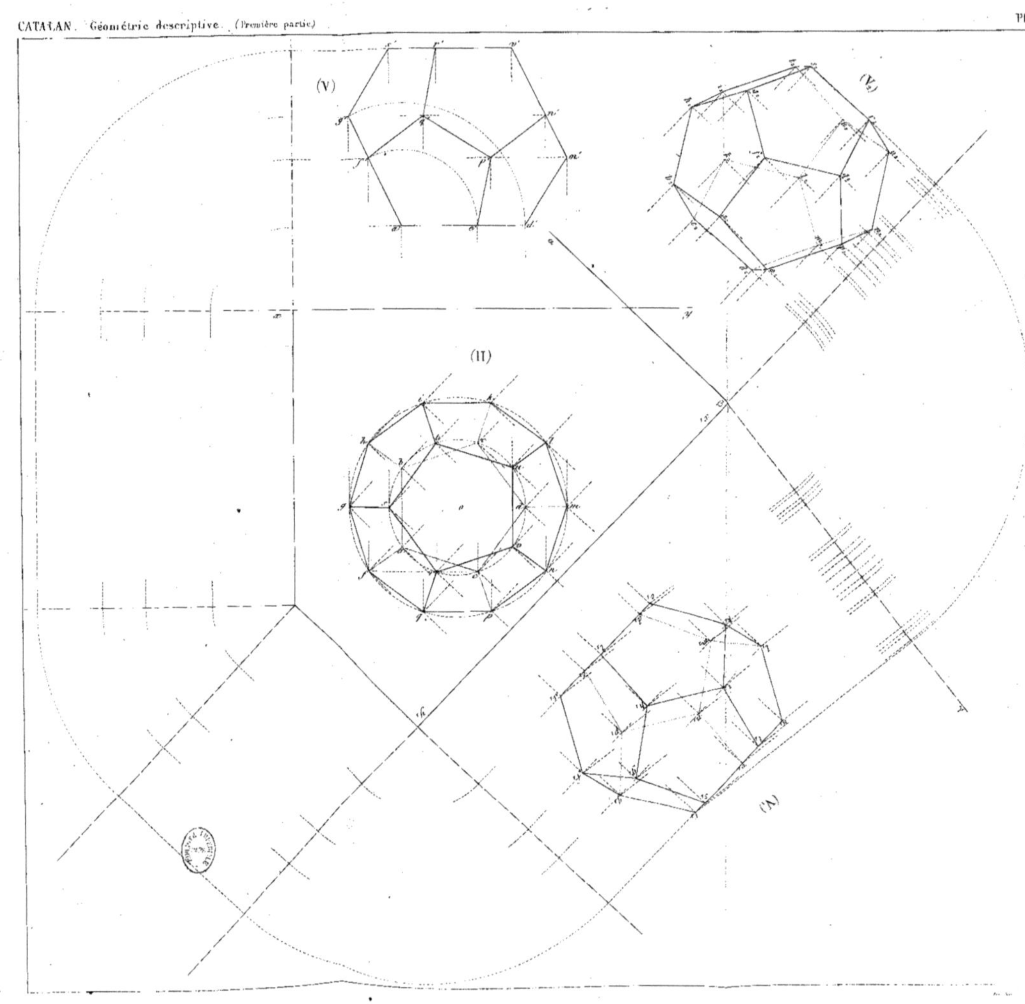
(V)
(VI)
(II)
(IV)

TRAITÉ ÉLÉMENTAIRE

DE

GÉOMÉTRIE DESCRIPTIVE

SECONDE PARTIE

PARIS. — TYPOGRAPHIE HENNUYER, RUE DU BOULEVARD DES BATIGNOLLES, 7.

TRAITÉ ÉLÉMENTAIRE

DE

GÉOMÉTRIE DESCRIPTIVE

PAR

EUGÈNE CATALAN

ANCIEN ÉLÈVE DE L'ÉCOLE POLYTECHNIQUE, DOCTEUR ÈS SCIENCES,
AGRÉGÉ DE L'UNIVERSITÉ, MEMBRE DE LA SOCIÉTÉ PHILOMATHIQUE, CORRESPONDANT
DES ACADÉMIES DES SCIENCES DE TOULOUSE, LILLE, LIÉGE,
ET DE LA SOCIÉTÉ D'AGRICULTURE DE LA MARNE.

SECONDE PARTIE
DES SURFACES COURBES

ATLAS

SECONDE ÉDITION, REVUE ET AUGMENTÉE.

PARIS

DUNOD, ÉDITEUR,

SUCCESSEUR DE VICTOR DALMONT,

Précédemment Carilian-Gœury et Vor Dalmont,

LIBRAIRE DES CORPS IMPÉRIAUX DES PONTS ET CHAUSSÉES ET DES MINES,

Quai des Augustins, 49.

1861

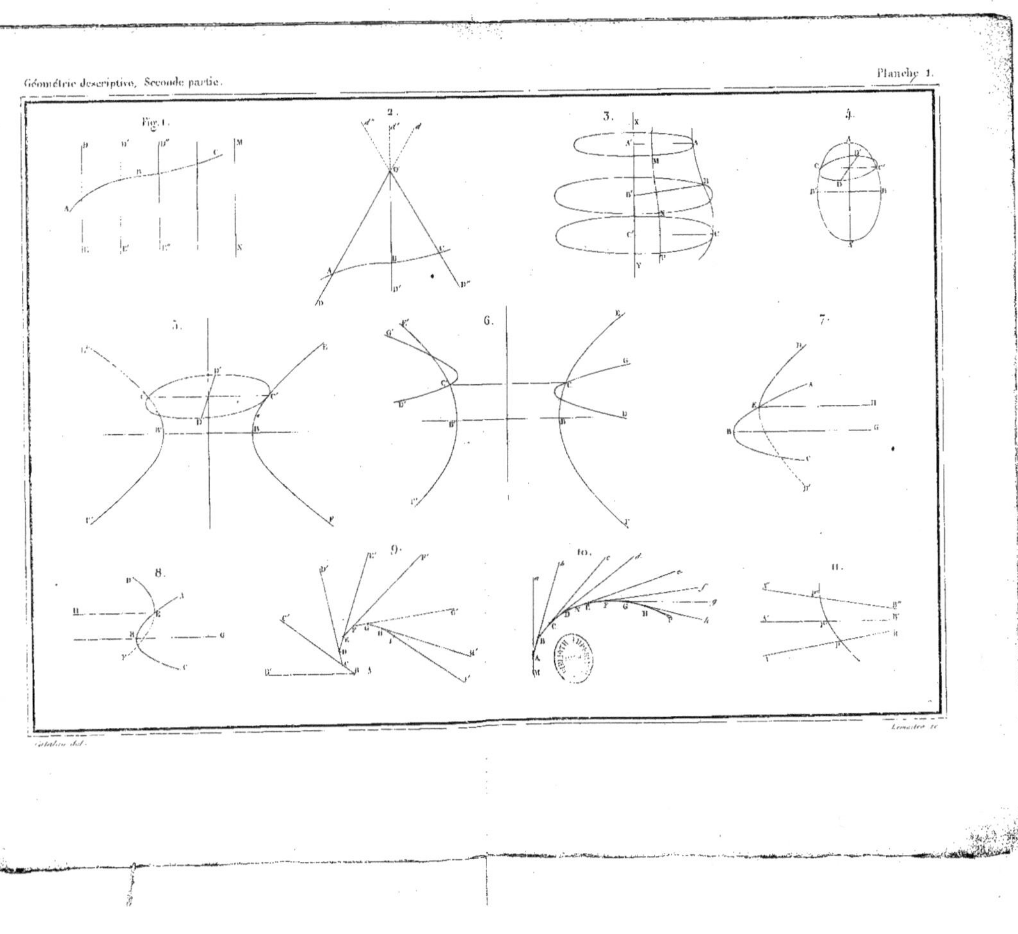
Fig. 1.
2.
3.
4.
5.
6.
7.
8.
9.
10.
11.

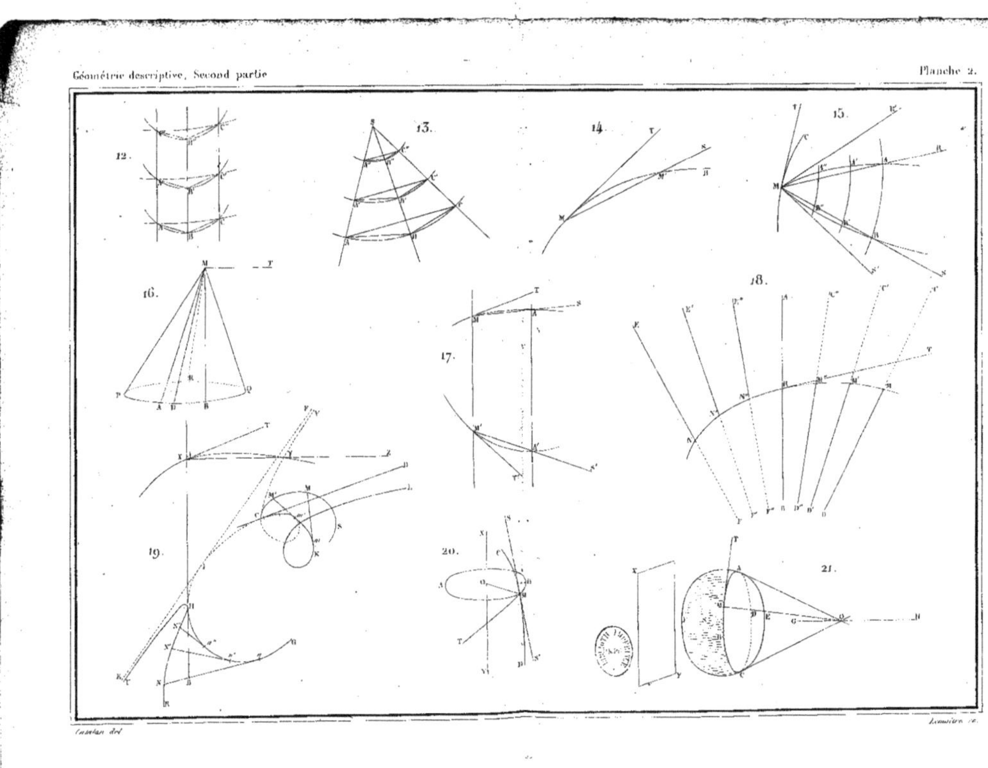

12.
13.
14.
15.
16.
17.
18.
19.
20.
21.

22.
25.
24.

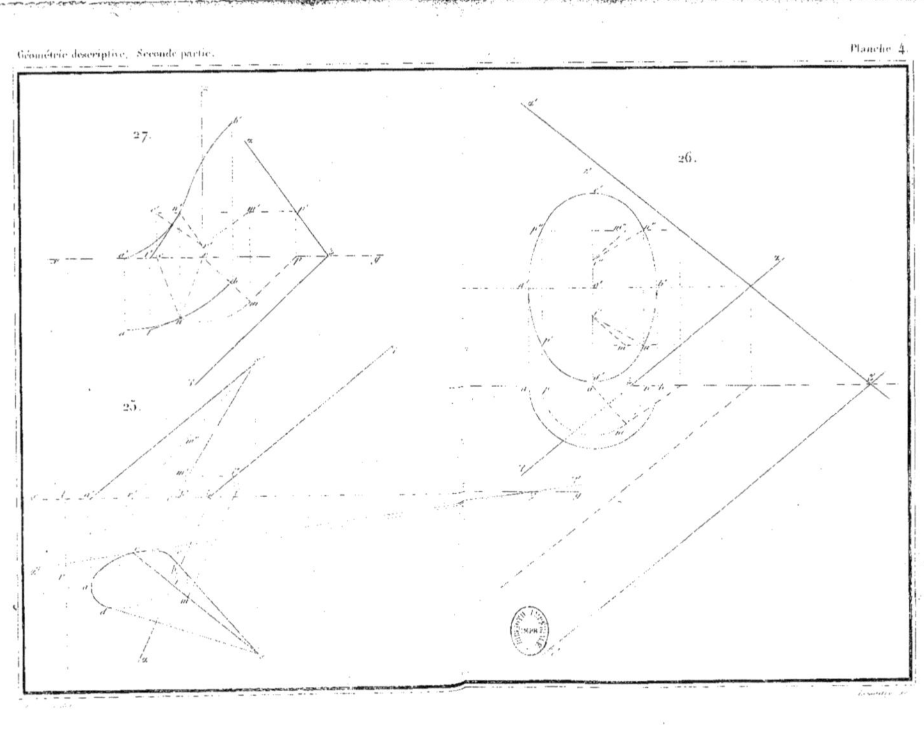

27.
26.
25.

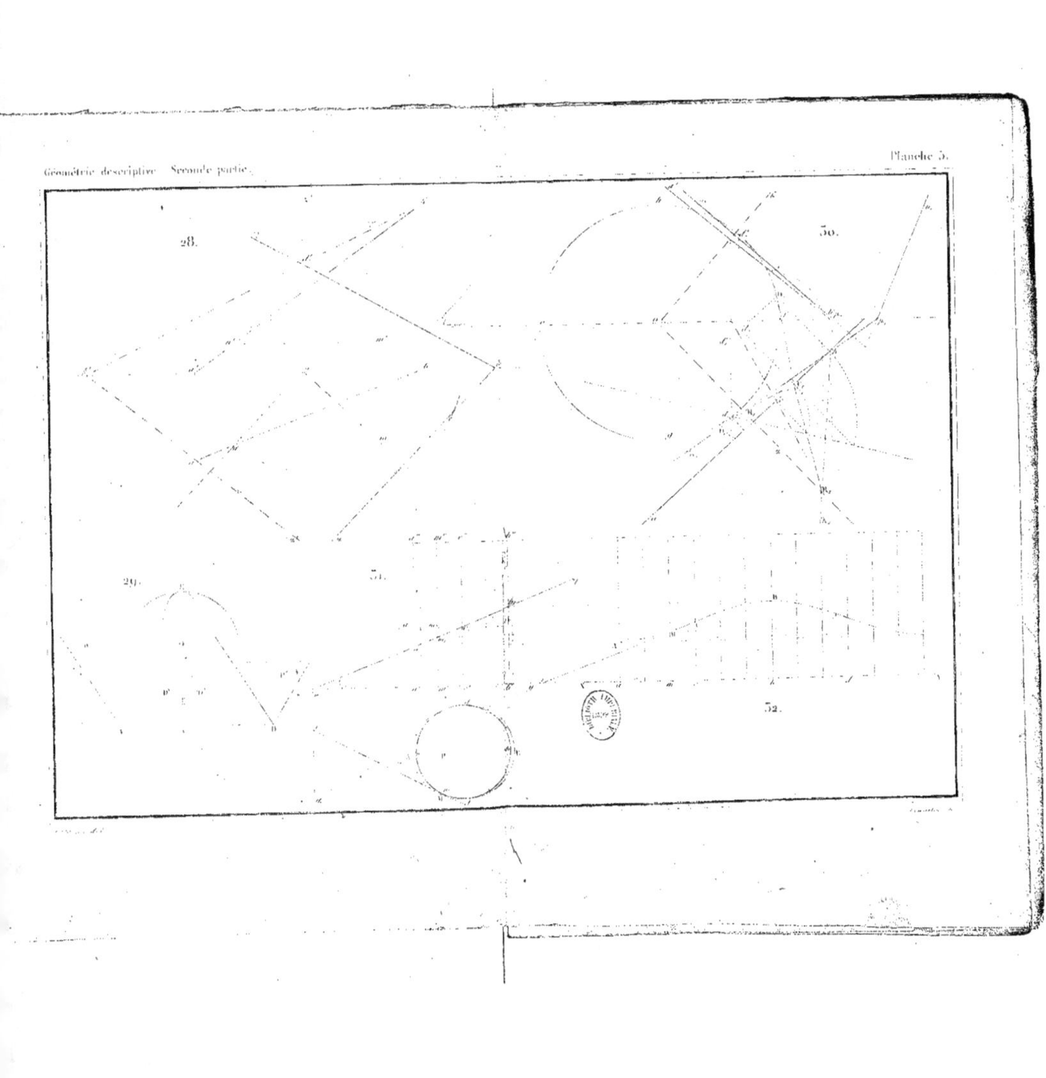
28.
29.
30.
31.
32.

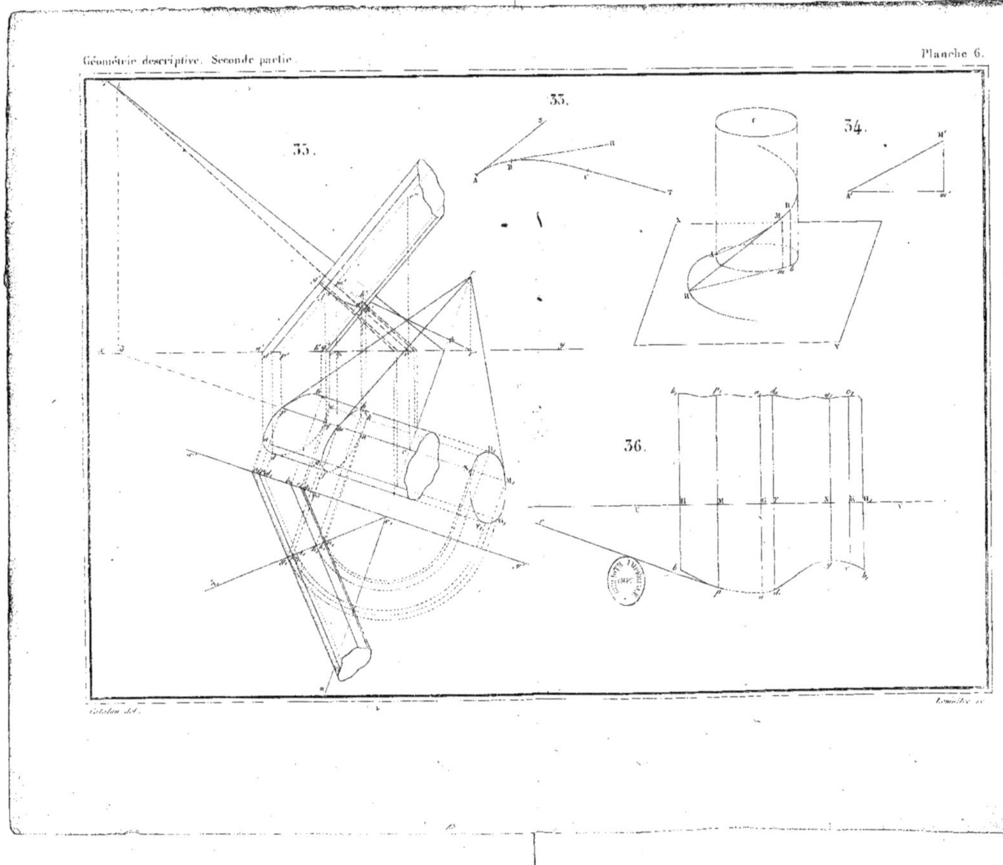

35.
33.
34.
36.

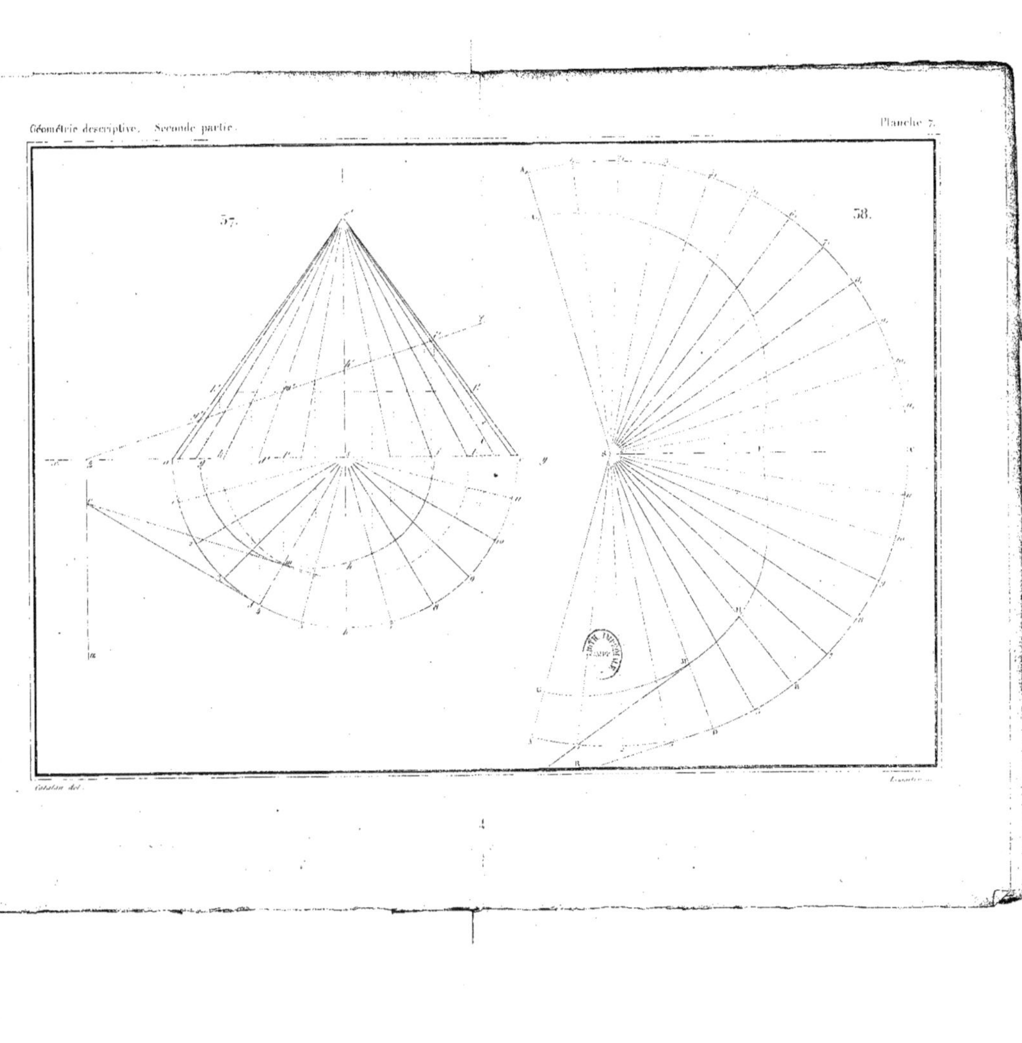
57.
58.

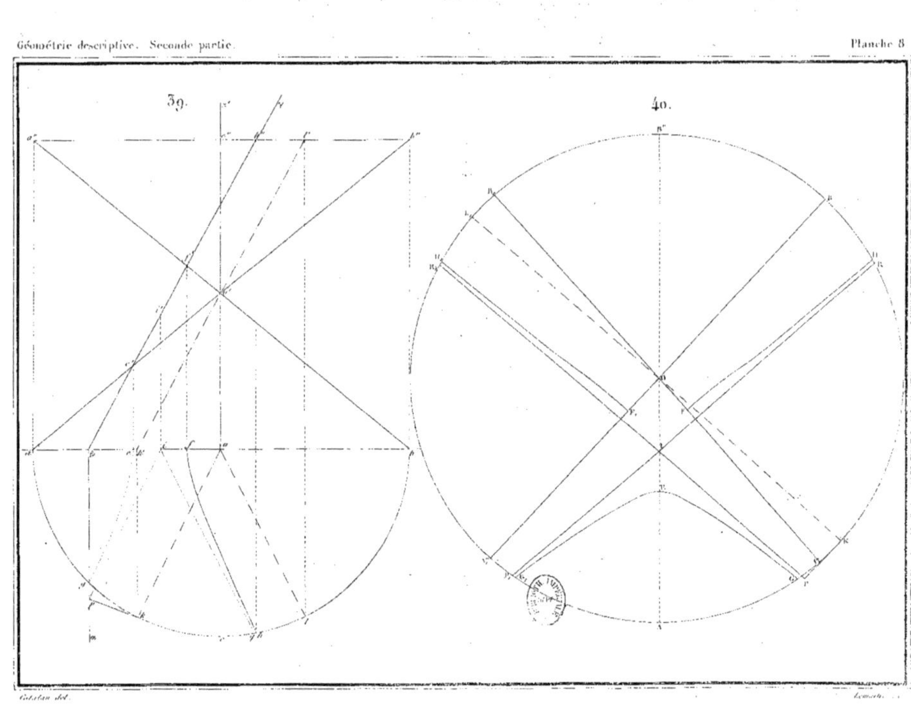
39.
40.

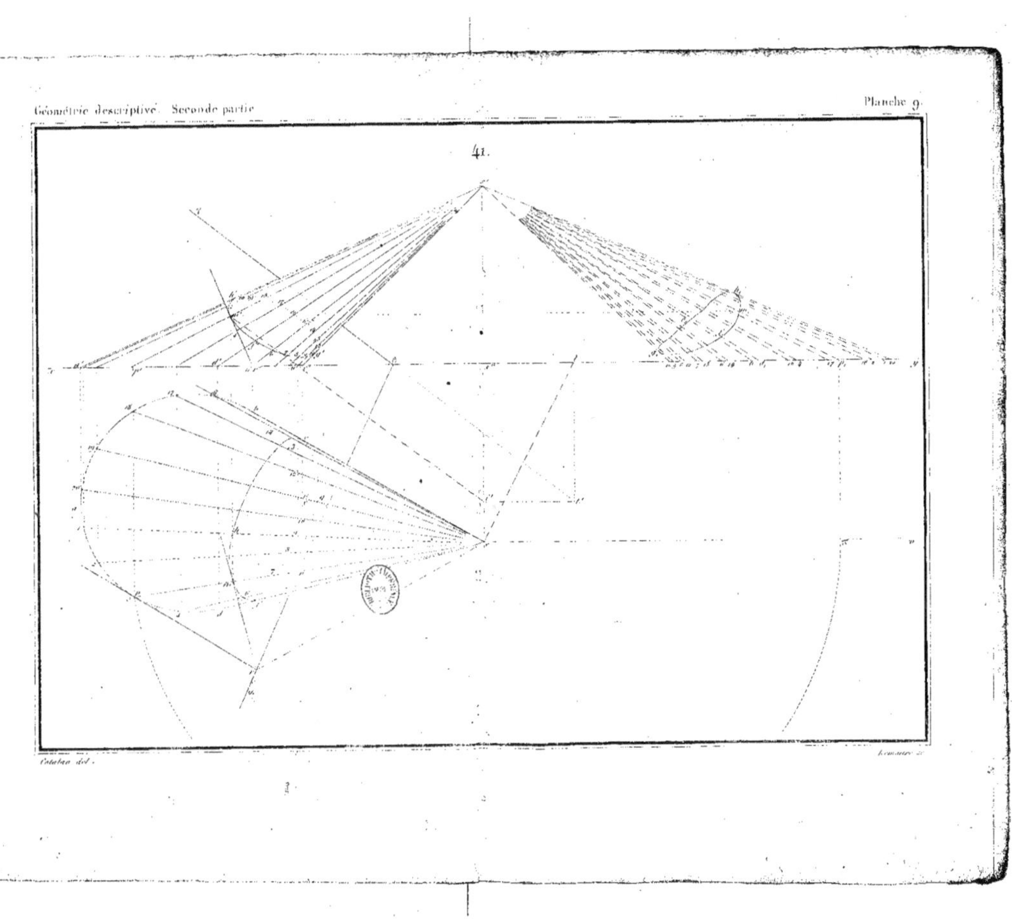
41.

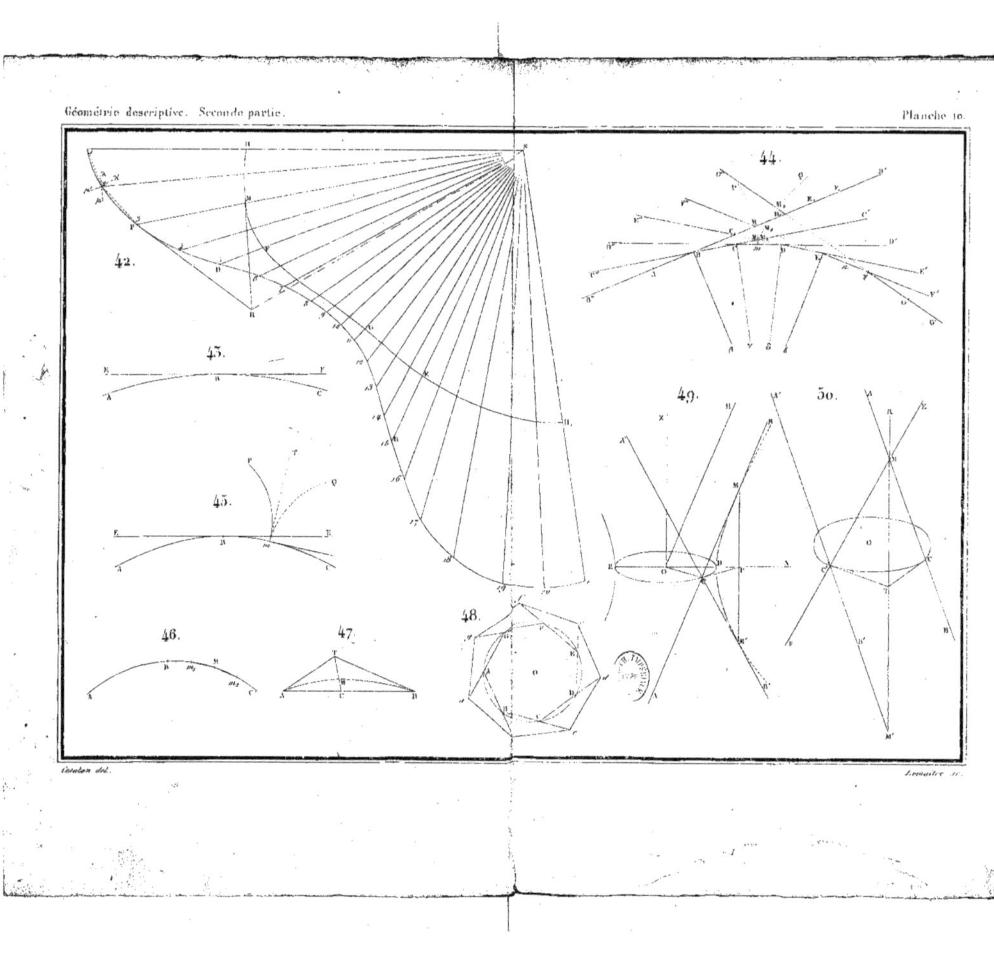

42.
43.
45.
46.
47.
48.
44.
49.
50.

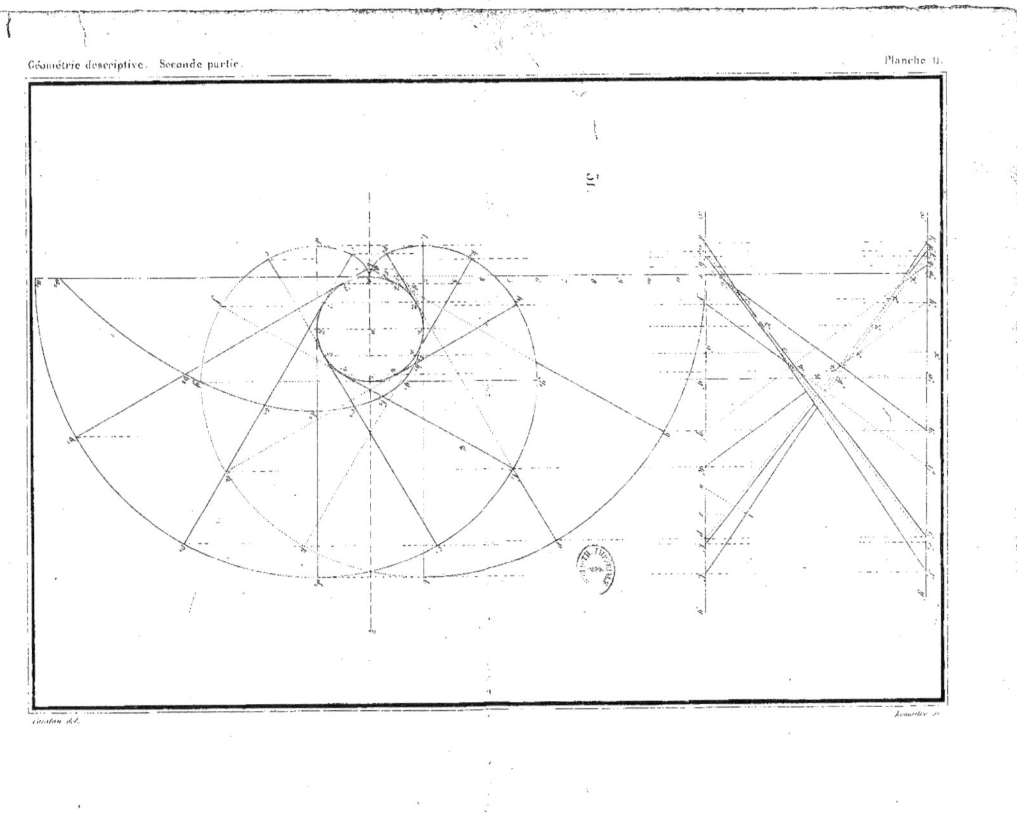

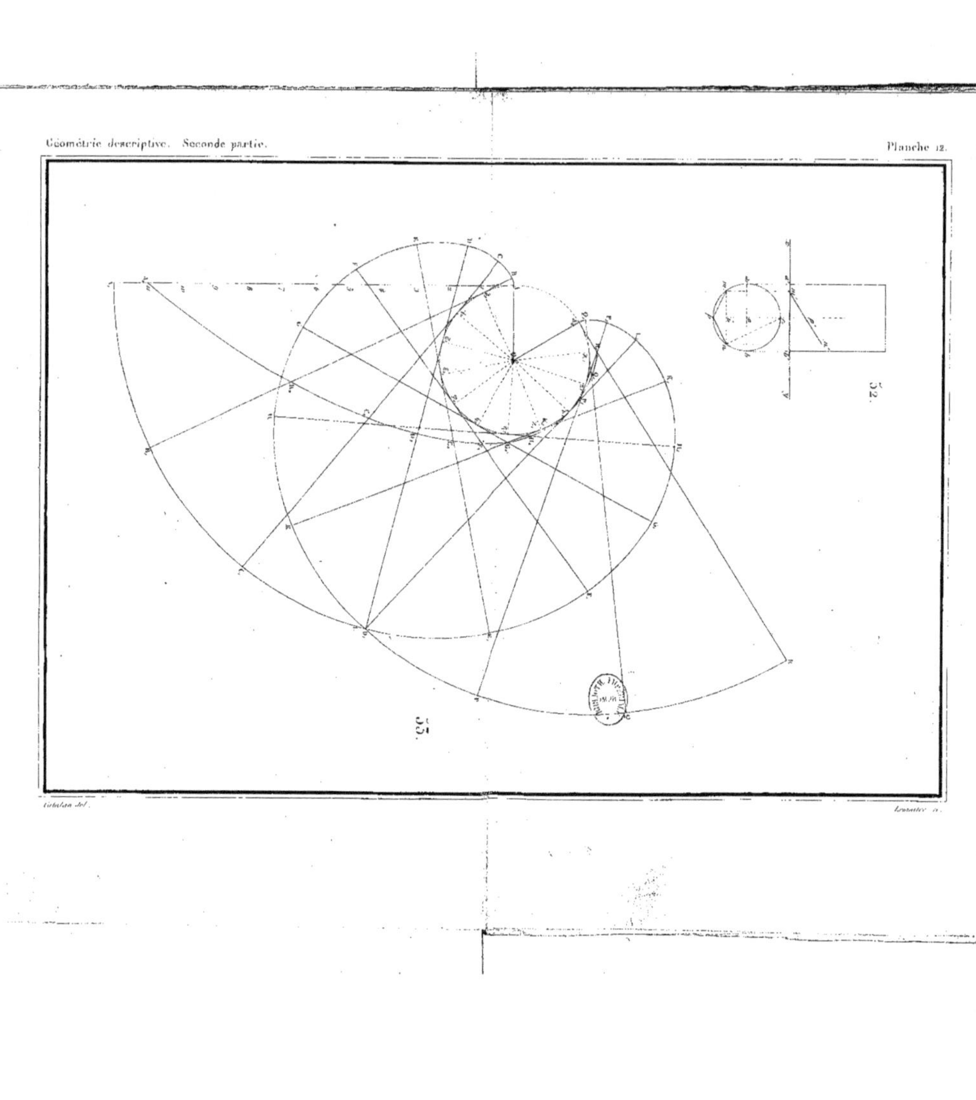

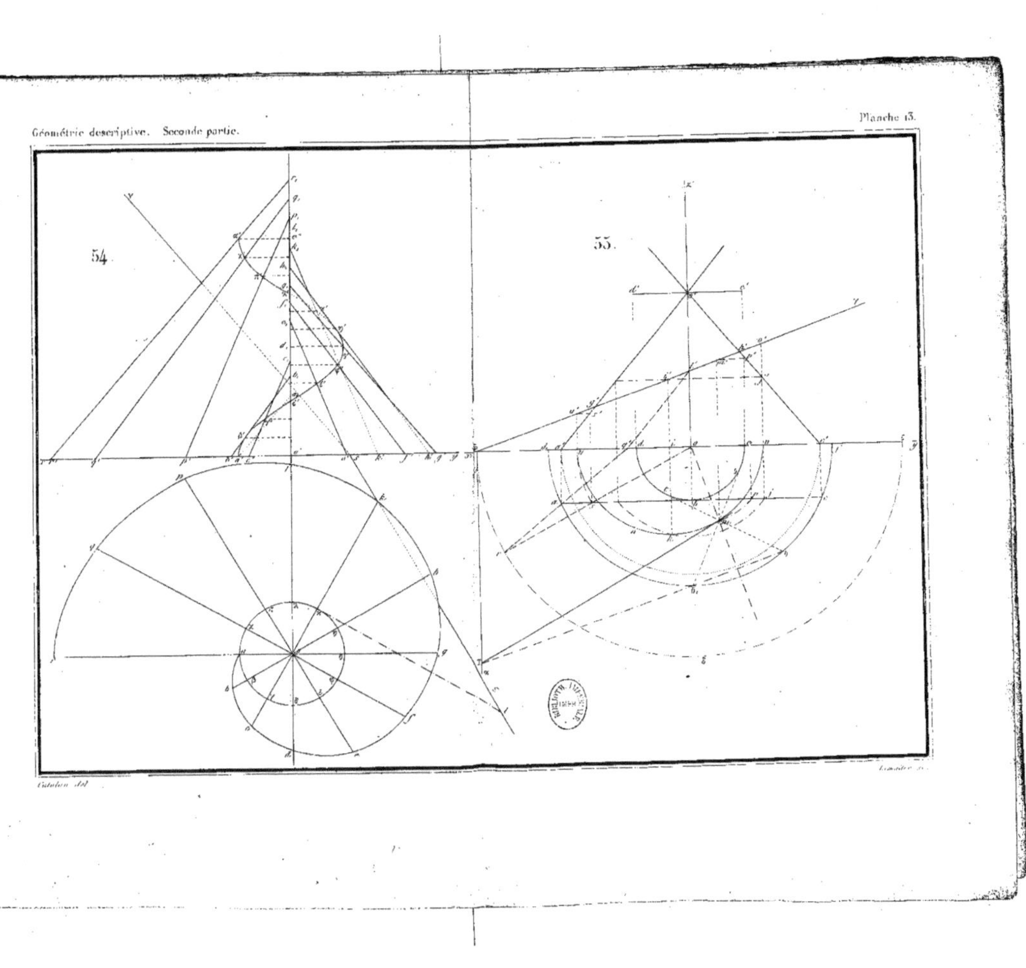
54.
55.

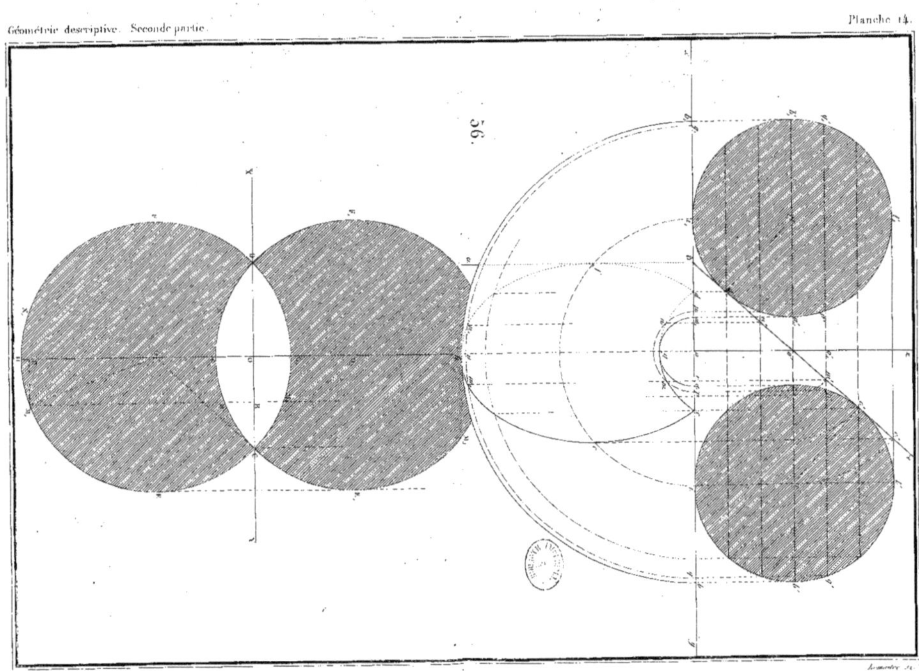

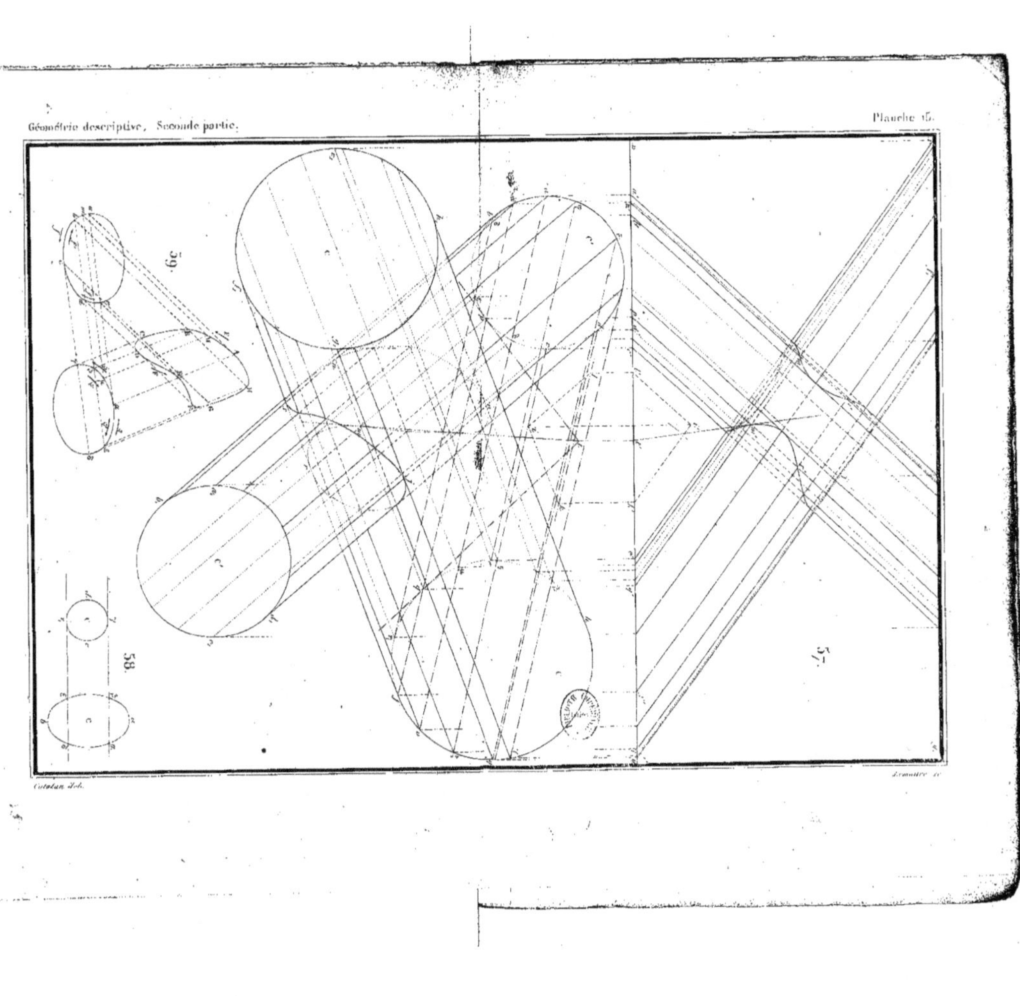

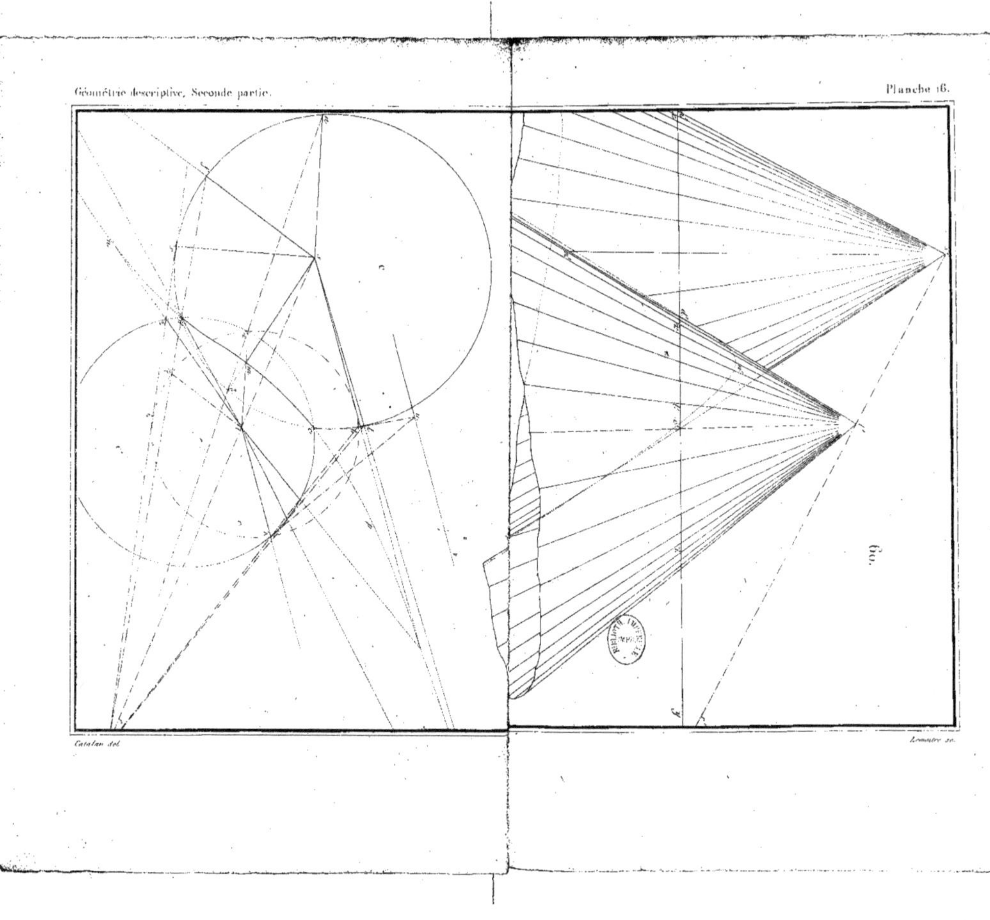

60.

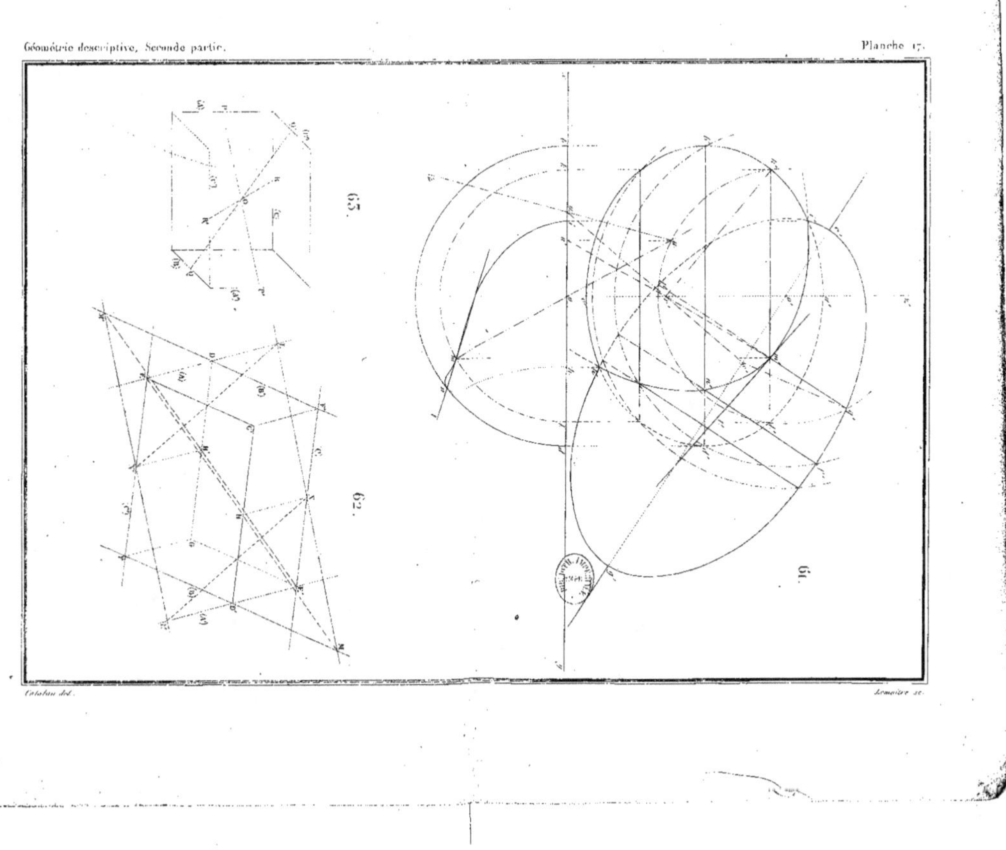

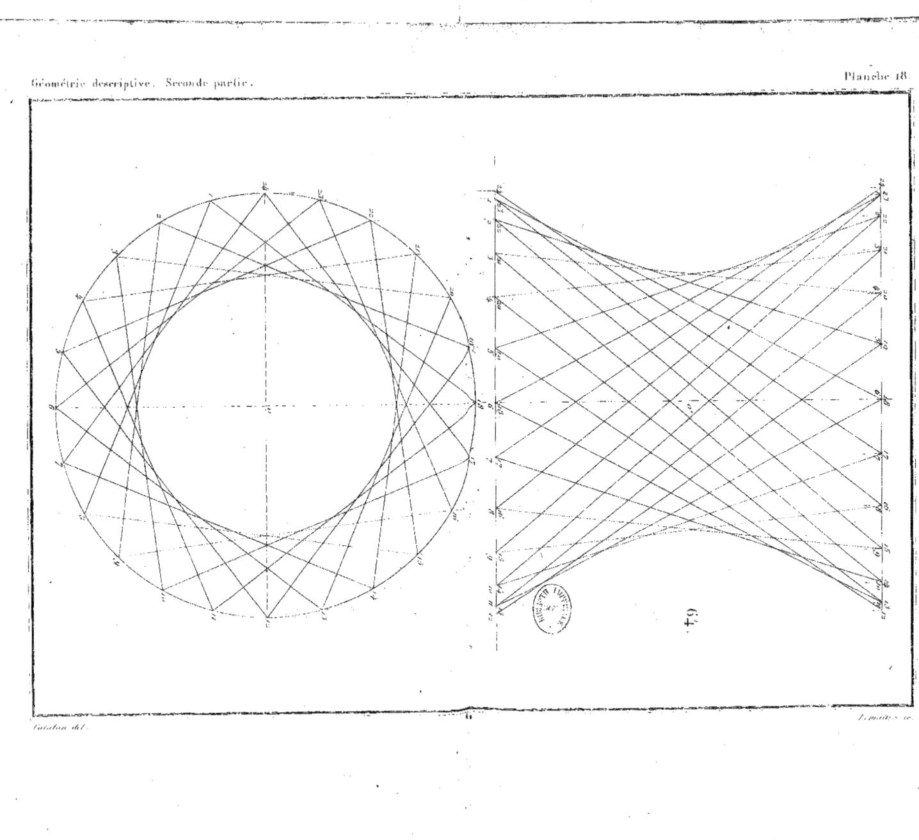

Catalan del.

Lemaitre sc.

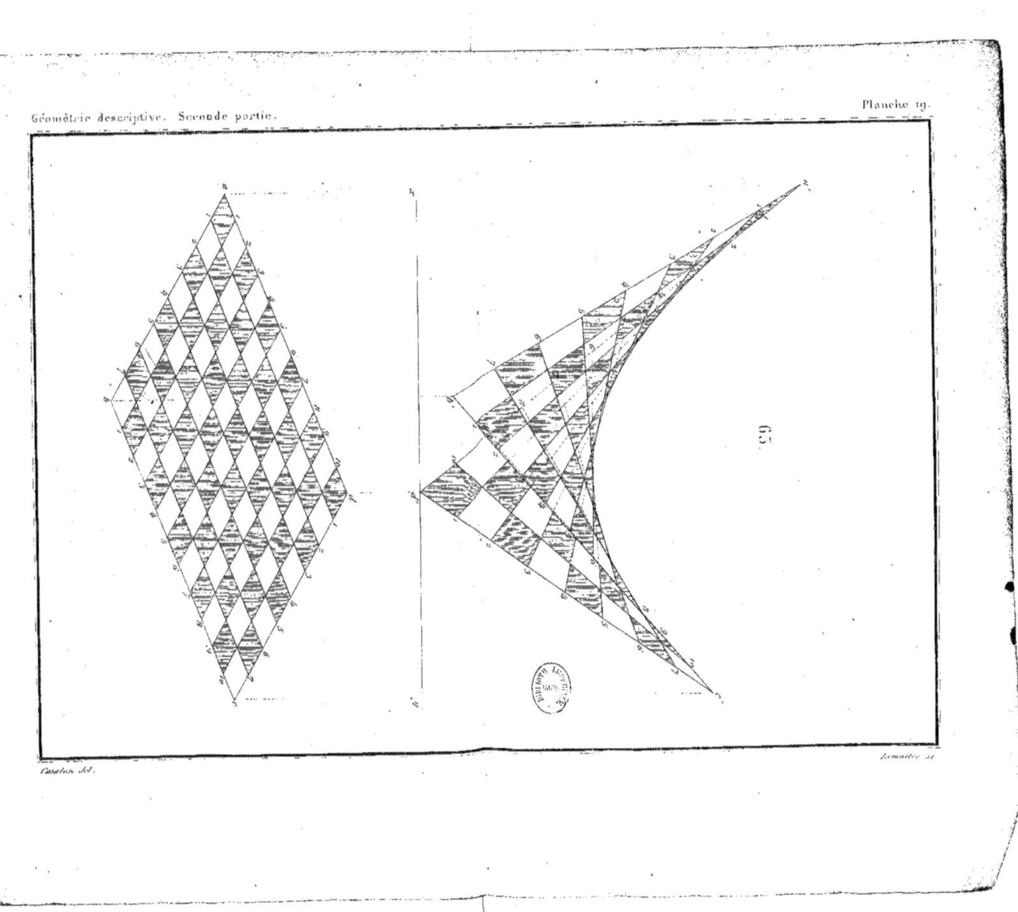

L'OUVRAGE COMPLET se vend. . . . . 7 fr. 50
1re PARTIE seule : **LA LIGNE DROITE ET LE PLAN**, In-8°, avec Atlas. 4 fr.
2e PARTIE seule : **DES SURFACES COURBES**. In-8°, avec Atlas. . . 4 fr.

A LA MÊME LIBRAIRIE :

BOUTAN, *professeur au lycée Saint-Louis,* et **D'ALMEIDA**, *professeur au lycée Napoléon,* **Cours élémentaire de physique** contenant toutes les connaissances nécessaires à ceux qui se destinent au baccalauréat ès sciences, aux Ecoles spéciales du gouvernement, à l'Ecole centrale des arts et manufactures, et à ceux qui suivent les cours des Ecoles professionnelles et des nouvelles Facultés des sciences appliquées. 1 beau vol. in-8, illustré de 653 figures et d'un spectre solaire intercalés dans le texte. 2e édition, 1863. 7 fr.
— On vend séparément la dernière partie composée de **Problèmes** classés par sections. 1 broch. grand in-8. 1 fr.

DEBRAY, *répétiteur à l'École normale, professeur au lycée Charlemagne.* **Cours élémentaire de chimie** contenant toutes les connaissances nécessaires à ceux qui se destinent au baccalauréat ès sciences, aux Ecoles spéciales du gouvernement, à l'Ecole centrale des arts et manufactures, et à ceux qui suivent les cours des Ecoles professionnelles et des nouvelles Facultés des sciences appliquées. 1 beau vol. in-8, avec un grand nombre de figures dans le texte. 1863. Prix : 7 fr.

DOULIOT (A.), *professeur d'architecture et de construction à l'École de dessin de Paris.* **Traité spécial de la coupe des pierres**, 2e édition, 1re partie, revue et augmentée par M. JAY, *architecte en chef des travaux publics, professeur d'architecture et de construction aux Écoles des beaux-arts et de dessin;* 2e partie, revue, mise au courant et augmentée d'un supplément important sur les ponts biais, par M. J. CLAUDEL, *ingénieur civil.* 2 vol. in-4°, dont un de 120 planches environ (en publication). Prix : 30 fr.

LETOURMY, *licencié ès sciences.* **Éléments d'arithmétique et de géométrie**, à l'usage des aspirants aux divers grades de maître mécanicien de la marine impériale, pour servir d'Appendice au Traité des appareils à vapeur de M. A. LEDIEU.

LOCARD (E.), *ingénieur en chef du chemin de Saint-Étienne à Lyon, ancien professeur des cours industriels de Mézières, de Charleville, etc.* **Dessin linéaire**, appliqué aux arts et à l'industrie. 1 vol. in-8, accompagné d'un atlas de 35 pl. in-fol., contenant 890 dessins gravés avec soin par M. HIBON. 18 fr.

MIQUEL. **Recueil de problèmes de géométrie.** In-8, pl. (*Sous presse.*)

STERN (le Docteur **M. A.**), *professeur à l'Université de Göttingue.* **Résolution des équations transcendantes.** Ouvrage couronné par la Société des sciences de Danemark ; traduit et annoté par E. LÉVY, *agrégé des sciences.* In-8° avec fig. dans le texte. Paris, 1858. 1 fr. 75
La résolution des équations transcendantes est exigée pour l'admission à l'École polytechnique. C'est une des théories mentionnées dans le Programme officiel. — Les Traités d'algèbre sont, à ce sujet, tout à fait insuffisants. — La publication du travail remarquable du Dr STERN est un véritable service rendu à l'enseignement.

TERREIL, *aide de chimie au Muséum impérial d'histoire naturelle.* **Atlas de chimie analytique minérale**, renfermant les premières notions indispensables aux personnes qui commencent la chimie, et dix-sept tableaux parfaitement imprimés en couleur, des précipités donnés par les réactifs et des colorations obtenues au chalumeau. 1 bel in-8 raisin. 12 fr. 50

THÉNOT, *peintre, professeur de perspective, etc.* **Traité de perspective pratique**, pour dessiner d'après nature, mis à la portée de toutes les intelligences. 4e *édition*, revue, corrigée et considérablement augmentée. 1 fort vol. grand in-8, papier vélin, satiné, orné de 28 pl. parfaitement gravées par HIBON. 10 fr.

TRIPON, *professeur au collége Sainte-Barbe, etc.,* **Études de projections, d'ombres et de lavis**, à l'usage de toutes les écoles, des architectes et des mécaniciens ; ouvrage divisé en quatre parties : 1° Projections orthogonales ; 2° Projections obliques ; 3° Ombres ; 4° Lavis appliqué à l'enseignement du dessin des machines, de l'architecture, etc. 1 vol. in-8 de texte avec un magnifique atlas de 40 pl. grand in-4, imprimées au lavis sur 1/4 colombier glacé ; les 2 vol. élégamment reliés. 25 fr.

On vend séparément :

Les trois premières parties comprenant les **Projections** et les **Ombres**, 20 pl. avec texte. 15 fr.

La quatrième partie. Cours élémentaire de **Lavis** appliqué à l'architecture, etc., 20 pl. avec texte.

TUDOT, *professeur et directeur d'une école spéciale de dessin.* **Éléments de dessin industriel** formant un cours de **Dessin linéaire** et de tracé géométrique, 2e *édit.* revue et augmentée de 40 planches d'exercices. 1 beau vol. in-8 de texte accompagné d'un atlas in-fol de 40 planches gravées avec soin par M. HIBON. 9 fr.
Le volume in-8 se vend séparément. 4 fr.
L'atlas in-folio, contenant 40 pl. d'exercices. 6 fr.

Paris. — Imprimé par E. THUNOT et Cie, rue Racine, 26.

www.ingramcontent.com/pod-product-compliance
Lightning Source LLC
LaVergne TN
LVHW052157050726
842523LV00017B/386